Oliver Zyber

Erdkunde an Stationen
Inklusion Klasse 5/6

Materialien zur Einbindung und Förderung lernschwacher Schüler

INKLUSION
Für differenzierten Unterricht

Auer

Die Herausgeberin:

Sandra Sommer: Förderschullehrerin, langjährige Berufserfahrung an einer Grundschule, zahlreiche Veröffentlichungen

Der Autor:

Oliver Zyber: Rektor an einer Schule mit dem Förderschwerpunkt Lernen

Bildquellenverzeichnis:

Seite 14:	Mond © Luc Viatour, Wikimedia
Seite 16:	Erdschichten © Mats Halldin, Wikimedia
Seite 18 f.:	Weltkarte © Harbin, Wikimedia
Seite 22:	Deutschland topografisch © Botaurus-stellaris, Wikimedia
Seite 23:	Auszug aus Deutschlandkarte © David Liuzzo, Wikimedia
Seite 24:	Brandenburger Tor © Sven Gross-Selbeck, Wikimedia
	Kölner Dom © Thomas Wolf, Wikimedia
	Reichstag © Cezary Piwowarski, Wikimedia
	Schloss Belvedere © Gunnar67, Wikimedia
	Schloss Neuschwanstein © Softeis, Wikimedia
	Semperoper © Alexander Bock, WIkimedia
Seite 26:	Deutschlandkarte Flüsse © malachy120, Fotolia, Nr. 52365996
Seite 29 ff.:	Europa © San Jose, Wikimedia
Seite 31:	Europäische Hauptstädte © Highpriority, Wikimedia
Seite 35:	Klimazonen © www.bleyenberg.de, mit freundlicher Genehmigung von Hrn. Daniel Bleyenberg

Gedruckt auf umweltbewusst gefertigtem, chlorfrei gebleichtem
und alterungsbeständigem Papier.

1. Auflage 2014
Nach den seit 2006 amtlich gültigen Regelungen der Rechtschreibung

Illustrationen: Steffen Jähde
Satz: Druckerei Joh. Walch, Augsburg
Druck und Bindung: Kessler Druck + Medien GmbH, 86399 Bobingen
ISBN 978-3-403-**07507**-3

www.auer-verlag.de

Inhaltsverzeichnis

Vorwort 4

Materialaufstellung und Hinweise zu einzelnen Stationen 5

Laufzettel 6

Methodentraining: Karten lesen

Station 1: Mental Maps – Klassenzimmer ... 7
Station 2: Mental Maps – Schulgelände 8
Station 3: Die Himmelsrichtungen 9
Station 4: Planquadrate 10
Station 5: Kartenmaßstäbe1: Maß der Verkleinerung 11
Station 6: Kartenmaßstäbe 2: Streckenberechnungen 12
Station 7: Höhenlinien und Höhenschichten 13

Orientierung auf der Erde

Station 1: Unser Sonnensystem 14
Station 2: Der Planet Erde 15
Station 3: Aufbau der Erde........................... 16
Station 4: Das Gradnetz der Erde 17
Station 5: Kontinente.................................. 18
Station 6: Länder und ihre Hauptstädte 19
Station 7: Kleine Flaggenkunde.................. 20

Unterwegs in Deutschland

Station 1: Deutsche Flagge und deutsches Wappen 21
Station 2: Die Landschaft............................. 22
Station 3: Hafenstädte an Nord- und Ostsee 23
Station 4: Beliebte Ausflugsziele 24
Station 5: Angeln und Wassersport – Deutschlands größte Seen 25
Station 6: Wichtige Transportstraßen – die deutschen Flüsse.................... 26
Station 7: Wander- und Winterspaß – Mittel- und Hochgebirge 27
Station 8: Die deutschen Bundesländer 28
Station 9: Nachbarländer Deutschlands...... 29

Quer durch Europa

Station 1: Der Kontinent Europa 30
Station 2: Die Staaten Europas und ihre Hauptstädte 31
Station 3: Seine, Themse, ... – europäische Flüsse 32
Station 4: Meere und Meeresteile in Europa 33
Station 5: Köstlichkeiten aus Europa........... 34

Naturräume der Erde

Station 1: Klimazonen auf der Erde............. 35
Station 2: Naturraum Wüste......................... 36
Station 3: Die Polarländer – Arktis und Antarktis 37
Station 4: Tropische Regenwälder............... 38
Station 5: Der Tsunami – eine schwer kontrollierbare Naturkatastrophe .. 39

Lösungen 40

Vorwort

Bei den vorliegenden Stationsarbeiten handelt es sich um eine Arbeitsform, bei der die unterschiedlichen Lernvoraussetzungen in den zunehmend heterogenen Klassen Berücksichtigung finden. Es sind alle Themen des Bandes „Erdkunde an Stationen Klasse 5/6“ (Bestell-Nr. 06247) enthalten. Diese wurden so verändert, dass Schüler[1] mit Anspruch auf sonderpädagogische Förderung erfolgreich damit arbeiten können. Unabhängig und vor allem in Verbindung mit dem Band „Erdkunde an Stationen Klasse 5/6“ ist es so möglich, differenzierte Arbeitsaufträge auch beim Stationenlernen anzubieten und dadurch den Bedürfnissen aller Schüler gerecht zu werden. Im Rahmen der inklusiven Beschulung von Schülern mit Anspruch auf sonderpädagogische Förderung ist dies in allen Fächern vonnöten, um ihnen eine möglichst umfassende Teilhabe am Unterricht zu ermöglichen. Die Grundidee ist, den Schülern einzelne Arbeitsstationen anzubieten, an denen sie gleichzeitig selbstständig arbeiten können. Die Reihenfolge des Bearbeitens der einzelnen Stationen ist dabei ebenso frei wählbar wie das Arbeitstempo und meist auch die Sozialform. Wo Partner- oder Gruppenarbeit erforderlich ist, wird dies durch ein entsprechendes Symbol gekennzeichnet:

 Partnerarbeit  Gruppenarbeit

Als dominierende Unterrichtsprinzipien sind bei allen Stationen die Schüler- und Handlungsorientierung aufzuführen. Schülerorientierung meint, dass der Lehrer in den Hintergrund tritt und nicht mehr im Mittelpunkt der Interaktion steht. Er wird zum Beobachter, Berater und Moderator. Seine Aufgabe ist nicht das Strukturieren und Darbieten des Lerngegenstandes in kleinsten Schritten, sondern durch die vorbereiteten Stationen eine Lernatmosphäre zu schaffen, in der Schüler sich Unterrichtsinhalte eigenständig erarbeiten bzw. Lerninhalte festigen und vertiefen können. Handlungsorientierung meint, dass das angebotene Material und die Arbeitsaufträge für sich selbst sprechen. Der Unterrichtsgegenstand und die zu gewinnenden Erkenntnisse werden nicht durch den Lehrer dargeboten, sondern durch die Auseinandersetzung mit dem Material und die eigene Tätigkeit gewonnen und begriffen.

Ziel der Veröffentlichung ist, wie oben angesprochen, das Anknüpfen an unterschiedliche Lernvoraussetzungen der Schüler. Jeder einzelne Schüler erhält seinen eigenen Zugang zum inhaltlichen Lernstoff. Die einzelnen Stationen ermöglichen das Lernen nach allen Sinnen bzw. nach den verschiedenen Eingangskanälen. Dabei werden sowohl visuelle (sehorientierte), haptische (fühlorientierte) als auch intellektuelle Lerntypen angesprochen. An dieser Stelle werden auch gleichermaßen die Bruner'schen Repräsentationsebenen (enaktiv bzw. handelnd, ikonisch bzw. visuell und symbolisch) mit einbezogen. Das vorliegende Arbeitsheft unterstützt in diesem Zusammenhang das Erinnerungsvermögen, das nicht nur an Einzelheiten, an Begriffe und Zahlen geknüpft ist, sondern häufig auch an die Lernsituation.

Die Materialien sind in allen Schulformen einsetzbar und berücksichtigen die in den Lehrplänen für das Fach Erdkunde formulierten Kompetenzen.

Folgende Themen des Erdkundeunterrichts werden innerhalb der verschiedenen Stationen behandelt:

- Methodentraining: Karten lesen
- Orientierung auf der Erde
- Unterwegs in Deutschland
- Quer durch Europa
- Naturräume der Erde

Viel Freude und Erfolg mit dem vorliegenden Heft.

1 Aufgrund der besseren Lesbarkeit ist in diesem Buch mit Schüler auch immer Schülerin gemeint, ebenso verhält es sich mit Lehrer und Lehrerin etc.

Materialaufstellung und Hinweise zu einzelnen Stationen

Die Stationsblätter sind in entsprechender Anzahl zu vervielfältigen und den Schülern bereitzulegen. Als Möglichkeit zur Selbstkontrolle können Lösungsseiten erstellt werden.
Bereitliegende Atlanten, leere Blätter, Buntstifte sowie Schere und Kleber werden vorausgesetzt.

Orientierung auf der Erde

S. 20	Station 7	**Kleine Flaggenkunde**: evtl. Computer mit Internetzugang bereitstellen

Unterwegs in Deutschland

S. 21	Station 1	**Deutsche Flagge und deutsches Wappen**: evtl. Computer mit Internetzugang bereitstellen
S. 24	Station 4	**Beliebte Ausflugsziele**: Computer mit Internetzugang bereitstellen
S. 25	Station 5	**Angeln und Wassersport – Deutschlands größte Seen**: Computer mit Internetzugang bereitstellen

Quer durch Europa

S. 32	Station 3	**Seine, Themse, ... – europäische Flüsse**: evtl. Computer mit Internetzugang bereitstellen
S. 34	Station 5	**Köstlichkeiten aus Europa**: evtl. Lexika, Kochbücher und Computer mit Internetzugang bereitstellen

Naturräume der Erde

S. 37	Station 3	**Die Polarländer – Arktis und Antarktis**: Computer mit Internetzugang bereitstellen

Laufzettel

für ______________________________

Pflichtstationen

Stationsnummer	erledigt	kontrolliert
Nummer ______		
Nummer ______		
Nummer ______		
Nummer ______		
Nummer ______		
Nummer ______		
Nummer ______		

Wahlstationen

Stationsnummer	erledigt	kontrolliert
Nummer ______		
Nummer ______		
Nummer ______		
Nummer ______		

Station 1

Name: ______________________

Mental Maps – Klassenzimmer

„Mental Maps“ kann man übersetzen mit „Karten aus dem Kopf“.
Die Karten entstehen aus der eigenen Vorstellung.
Beim Zeichnen kommt es nicht auf absolute Genauigkeit an,
sondern auf das, was euch als Erstes ins Gedächtnis kommt.

Aufgabe 1

Zeichnet jeweils eine „Mental Map“ des Klassenraums auf ein leeres Blatt!
Stellt euch dazu vor, ihr sitzt in einem Hubschrauber!
Blickt von oben in den Klassenraum!
Was seht ihr?
Zeichnet die Gegenstände so auf das Blatt,
wie ihr sie als Pilot von oben wahrnehmt!

Aufgabe 2

Vergleicht eure „Mental Maps“ und beantwortet folgende Fragen!

a) Welche Gegenstände habt ihr als Erstes gezeichnet?

____

b) Worin unterscheiden sich eure „Mental Maps“?

____

____

c) Gestaltet eure „Mental Maps“ farbig!

Station 2

Name: ____________

Mental Maps – Schulgelände

Aufgabe 1

Zeichnet jeweils eine „Mental Map“ des Schulgeländes auf ein leeres Blatt!
Stellt euch dazu vor, ihr sitzt in einem Hubschrauber!
Blickt von oben auf das Schulgelände!
Was seht ihr?
Zeichnet die Gebäude, Gegenstände und Pflanzen so auf das Blatt, wie ihr sie als Pilot von oben wahrnehmt!

Aufgabe 2

Vergleicht eure „Mental Maps“ und beantwortet folgende Fragen!

a) Habt ihr an alle Gebäude gedacht? Wie viele sind es? ____________

b) Wie sehen Bäume und Büsche von oben aus?
Besprich dich mit deinem Partner und zeichnet die richtige Form in den Kasten!

c) Gestaltet eure „Mental Map“ farbig!
Verwendet dazu folgende Farben:

- Gebäudedächer = rot
- Bäume/Büsche = grün
- Straßen/Wege/Schulhöfe = grau

Station 3

Die Himmelsrichtungen

Name:

Aufgabe 1

Beschrifte die Windrose!
Denke dabei an folgende Merksprüche:
„**N**ie **o**hne **S**ocken **w**andern“ oder
„**N**ie **o**hne **S**eife **w**aschen“

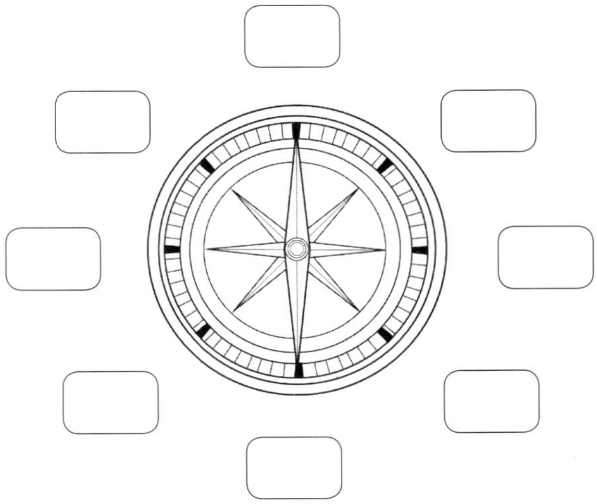

Aufgabe 2

Löse das Rätsel!
Tipp: Schreibe „ue“ statt „ü“!

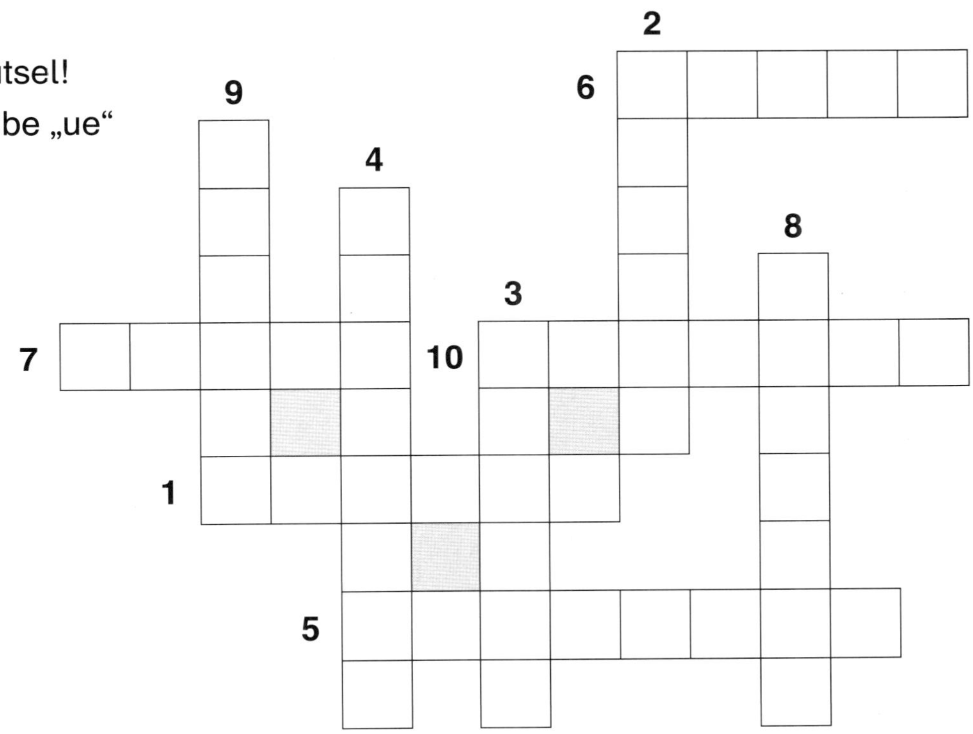

senkrecht

2 Nie ohne … wandern.
3 Da steht die Sonne mittags.
4 Hier kann man die Himmelsrichtungen ablesen.
8 Gerät zum Feststellen der Himmelsrichtungen.
9 Da geht die Sonne unter.

waagrecht

1 Da ist die Sonne nie zu sehen.
5 Da steht die Sonne zwischen Mittag und Abend.
6 Nie ohne … waschen.
7 Da geht die Sonne auf.
10 Hier steht die Sonne zwischen Morgen und Mittag.

Station 4

Name: ____________________

Planquadrate

	A	B	C	D	E	F
1						
2						
3						
4						
5						
6						

Aufgabe 1

In welchen Planquadraten befinden sich folgende Gegenstände?

B1					

Aufgabe 2

Zeichne die folgenden Symbole in die entsprechenden Planquadrate ein!

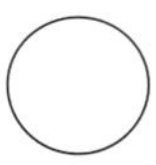	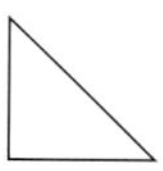	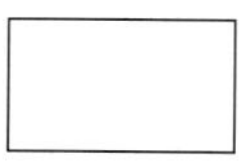		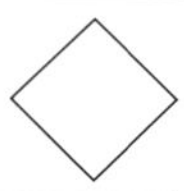
B5	F6	A3	E5	C1

Station 5

Name: ______________________

Kartenmaßstäbe 1: Maß der Verkleinerung

Aufgabe

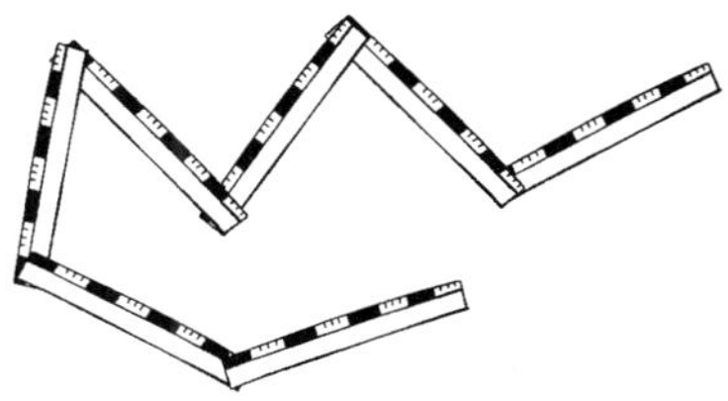

Verkleinere folgende Abbildung!
Zeichne sie halb so groß in das Karogitter rechts!
Zähle dabei die Kästchen ab!
<u>Beginne mit dem Schornstein:</u>
Zwei Kästchen waagrecht nach rechts zählen, Stift ansetzen und dann drei Kästchen senkrecht nach unten einen Strich ziehen.
Benutze ein Lineal! Fahre fort!

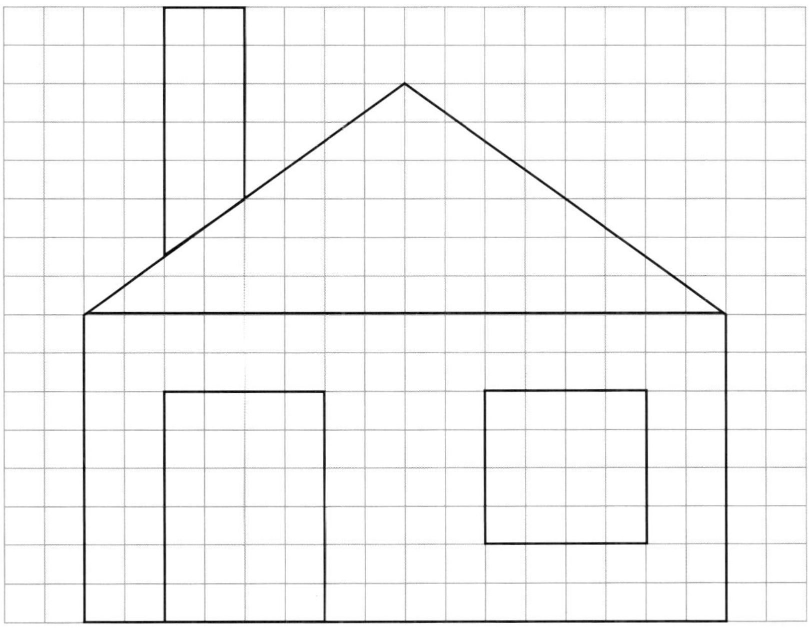

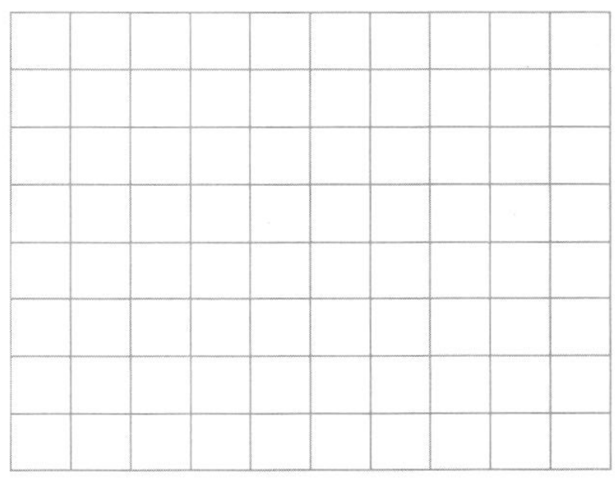

Info:

Die Verkleinerung in einem bestimmten Verhältnis nennt man Maßstab.
Beispiel:
Der Maßstab 1:100 (sprich „1 zu 100“) gibt an, dass ein Gegenstand 100-mal kleiner gezeichnet wurde, als er in Wirklichkeit ist.
1 cm in der Zeichnung sind 100 cm in der Wirklichkeit.

Station 6

Name: ______

Kartenmaßstäbe 2: Streckenberechnungen

Aufgabe

Suche in deinem Atlas eine Deutschlandkarte!

a) Welchen Maßstab hat sie? ______

b) Was bedeutet das?
Die Karte hat z. B. einen Maßstab von 1:200 000.
1 cm auf der Karte sind dann ______ cm in der Wirklichkeit.
Wenn du cm in km umrechnen willst, musst du durch 100 000 teilen.

> (1) cm auf der Karte x Maßstabszahl = cm in der Wirklichkeit
> (2) cm in der Wirklichkeit : 100 000 = km in der Wirklichkeit
> **Tipp:** Streiche bei den cm 5 Nullen, um km zu zu erhalten!

c) Miss die Entfernungen zwischen folgenden Städten!

Stadt 1	**Stadt 2**	**a) cm auf der Karte messen b) mit Maßstabszahl multiplizieren =**	**c) cm in Wirklichkeit**
Aachen	Leipzig		
Berlin	Köln		
Hamburg	München		
Gießen	Frankfurt		

Stadt 1	**Stadt 2**	**d) cm in Wirklichkeit : 100 000 = km in Wirklichkeit**
Aachen	Leipzig	
Berlin	Köln	
Hamburg	München	
Gießen	Frankfurt	

Höhenlinien und Höhenschichten

Name: ______________________

Aufgabe 1

Seht im Atlas nach, in welchen Farben die einzelnen Höhen dargestellt werden! Malt die Höhenschichten in der richtigen Farbe an!

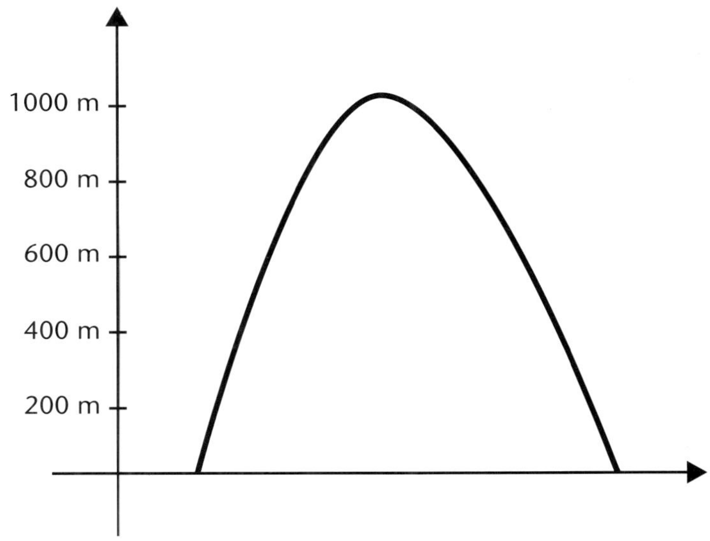

Aufgabe 2

Dieser Berg wurde von oben gezeichnet.

a) Was stellen die einzelnen Ringe dar?

☐ Spiegeleier ☐ Höhenlinien ☐ Wellen

b) Ergänzt die Lücke sinnvoll!

Höhenlinien, die eng beisammen liegen, stellen die steile Seite eines Bergs dar.

Höhenlinien, die weiter auseinander liegen, steigen nicht so steil an.

Sie sind ______________ .

c) Beschriftet die Pfeile mit den Begriffen „Steilhang“, „Flachhang“ und „Gipfel“!

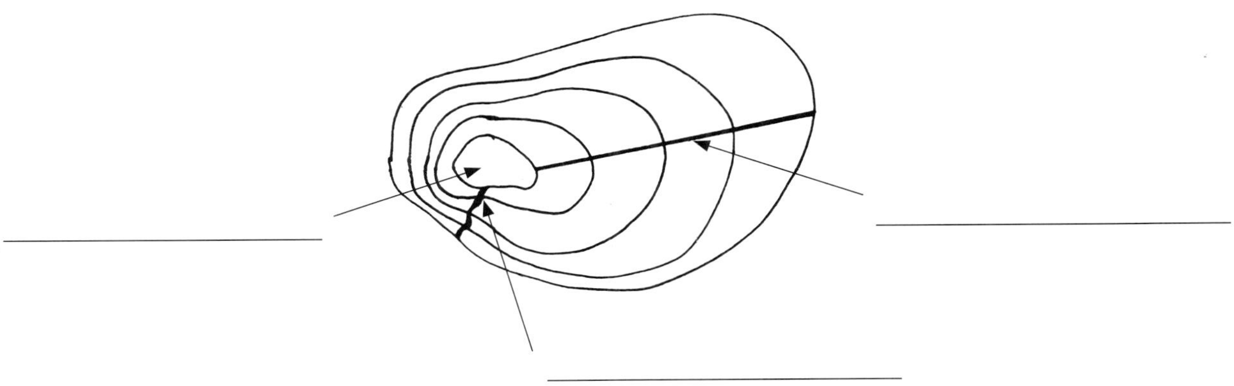

Station 1

Name: ______________________

Unser Sonnensystem

Aufgabe 1

Ergänze mithilfe der „Eselsbrücke“ die Namen der einzelnen Planeten!
„**Me**in **V**ater **e**rklärt **m**ir **j**eden **S**onntag **u**nsere **N**achbarplaneten.“

M ______________________

V ______________________

E ______________________

M ______________________

J ______________________

S ______________________

U ______________________

N ______________________

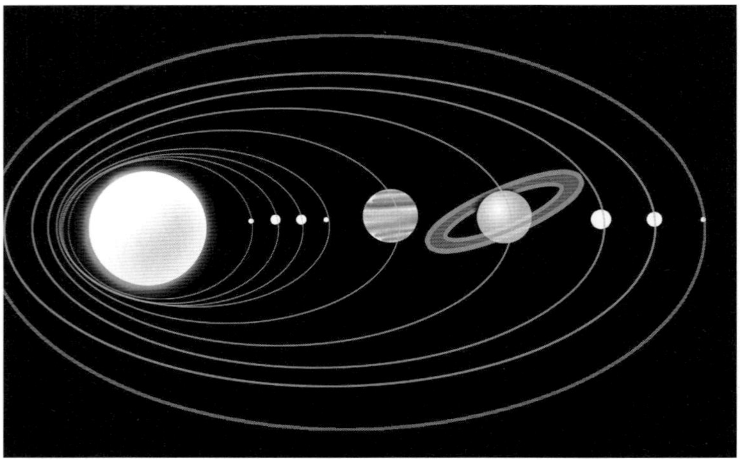

Jupiter   Venus   Neptun   Mars   Erde   Saturn   Merkur   Uranus

Aufgabe 2

Wie viel Zeit benötigt die Erde für einen Umlauf um die Sonne?
Kreise ein!

24 Stunden   1 Tag   1 Monat   1 Jahr   31 Tage   6 Monate

Aufgabe 3

Welcher Planet ist der Sonne am nächsten und
welcher ist von ihr am weitesten entfernt?

Nächster: ______________________ Entferntester: ______________________

Aufgabe 4

Wie viele Monde hat der Planet Erde? ______________________

Station 2

Name: ______________________

Der Planet Erde

Aufgabe

Ergänze im folgenden Text die fehlenden Wörter!

4,6 Australien Tag 40 000 Äquator dritte
Globus Nordpol Afrika blauer Nordhalbkugel
Südhalbkugel 12 756 Kugel Südamerika

Die Erde ist von der Sonne aus der ______________ Planet im Sonnensystem.

Sie ist etwa ________ Milliarden Jahre alt.

Sie hat einen Durchmesser von ______________ Kilometern.

Die Erde ist der fünftgrößte Planet.

Ein ______________ ist ein Modell der Erde.

Darauf kann man die großen Landflächen und Wasserflächen erkennen.

Man sieht auch den ______________ und den Südpol.

Der ______________ teilt die Erde in die Nordhalbkugel und die Südhalbkugel.

Er hat eine Länge von etwa ______________ Kilometern.

Auf der ______________________ liegen die größeren Landflächen;

die größeren Wasserflächen sind auf der ______________________.

Aufgrund der großen Wasserflächen wird die Erde auch ______________ Planet genannt.

Der größte Teil der Erdoberfläche wird von den drei großen Ozeanen Atlantischer Ozean, Indischer Ozean und Pazifik bedeckt.

Die Landflächen der Erde werden in Kontinente unterteilt: Nordamerika, ______________, Europa, ______________, Asien, ______________.

Da die Erde eine ______________ ist, wird immer nur eine Seite der Erde von der Sonne angestrahlt.

Durch die Drehung der Erde entstehen im Wechsel ______________ und Nacht.

Station 3

Aufbau der Erde

Name: ______________________

Aufgabe 1

Ordne die folgenden Erdschichten korrekt zu!

innerer Kern

Kruste

äußerer Mantel

äußerer Kern

innerer Mantel

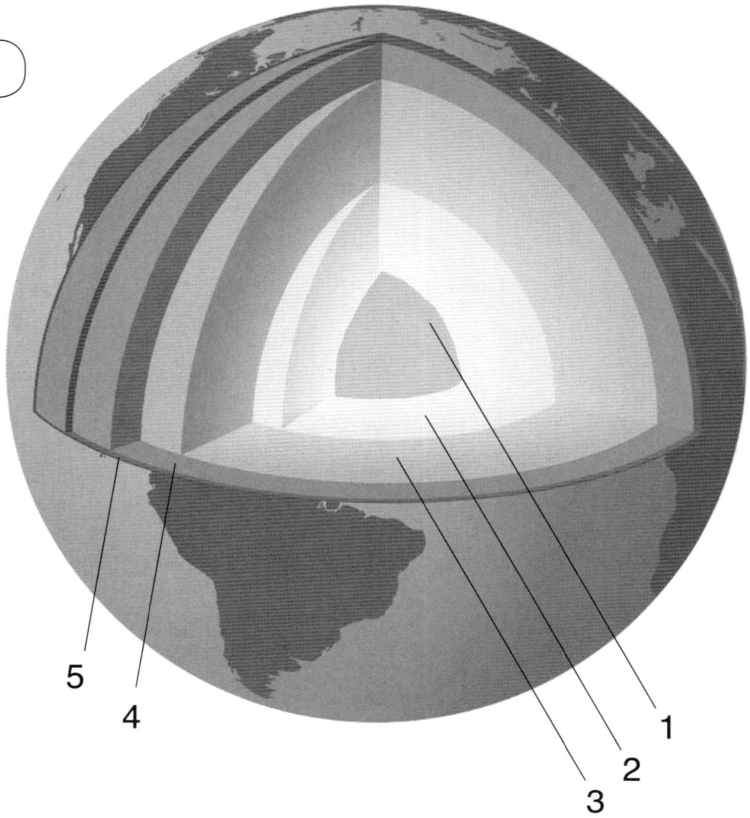

1. ______________________
2. ______________________
3. ______________________
4. ______________________
5. ______________________

Aufgabe 2

Schneide die Textbausteine aus und setze sie zusammen!
Klebe sie auf!

Wir Menschen leben

Der Erdmantel besteht

wie eine Zwiebel.

aus glutflüssigem Gestein (Magma).

Die Erde gliedert sich

auf der äußeren festen Erdkruste.

Der Erdkern

ist überwiegend fest und besteht aus Metallen.

Name:

Das Gradnetz der Erde

Aufgabe

Beantwortet die Fragen!
Nur eine Antwort ist jeweils richtig.
Kreuzt sie an!

a) Wozu wird das Gradnetz der Erde benötigt?

- ☐ zur Orientierung und genauen Standortbestimmung auf der Erde
- ☐ zur Einteilung der Erde in Klimazonen

b) Was sind Meridiane?

- ☐ alle Linien, die waagrecht verlaufen
- ☐ alle Linien von Pol zu Pol

c) Wann spricht man von einem Nullmeridian?

- ☐ Nullmeridian ist ein Halbkreis senkrecht zum Äquator, der durch Nord- und Südpol verläuft
- ☐ Nullmeridian trennt die nördliche von der südlichen Halbkugel

d) Welche Stadt liegt zwischen dem 50. und 60. nördlichen Breitengrad?

- ☐ Bukarest
- ☐ Berlin
- ☐ Lissabon

e) Welcher Punkt liegt auf dem Längengrad 0 und 90 Grad südlicher Breite ?

- ☐ Nordpol
- ☐ Südpol

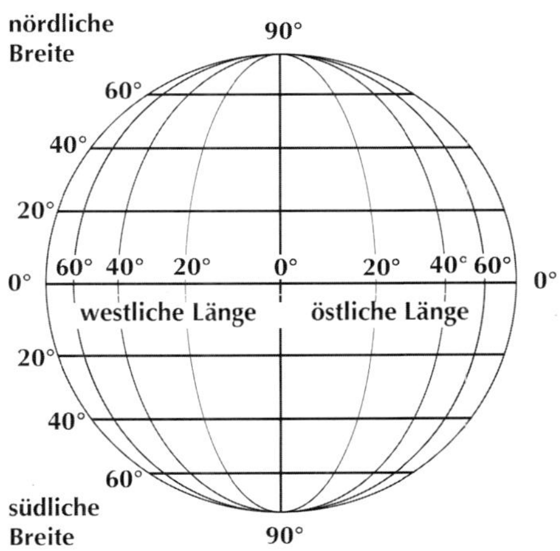

Kontinente

Name: ____________________

Aufgabe

Schreibe neben jede Abbildung den Namen des jeweiligen Kontinents!

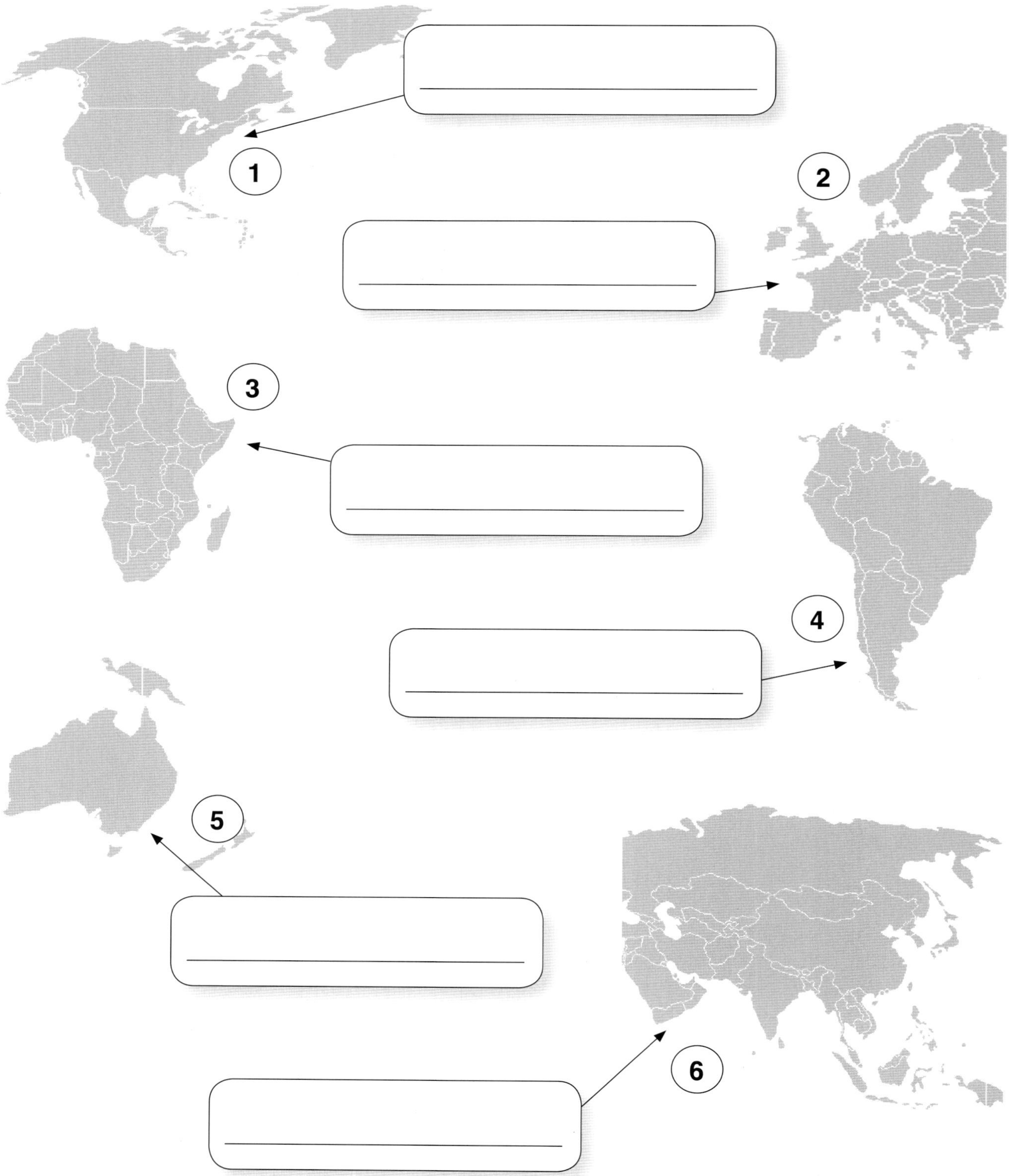

Name:

Länder und ihre Hauptstädte

Aufgabe 1

Füllt die Lücken in der Tabelle aus!

	Länder	Hauptstädte
1	Argentinien	
2	Australien	
3		Brasilia
4	Frankreich	
5	Indien	
6	Japan	
7	Kenia	
8	USA	
9		Rom
10		Kairo

Aufgabe 2

Findet die Länder in der Weltkarte!
Tragt die Zahlen aus der Tabelle entsprechend ein!

Station 7

Kleine Flaggenkunde

Name: ____________________

Aufgabe 1

Zu welchen Ländern gehören die nachfolgenden Flaggen?

Die Anfangsbuchstaben der Länder ergeben ein Lösungswort.

a) 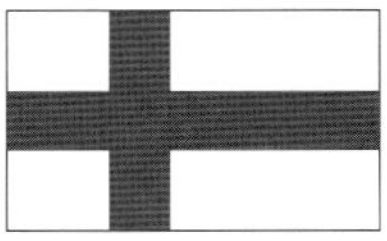 ______________________________

b)  ______________________________

c)  ______________________________

d)  ______________________________

e)  ______________________________

f)  ______________________________

Lösungswort: ____ ____ ____ ____ ____ ____

a) b) c) d) e) f)

Aufgabe 2

Zeichne die Flaggen der vorgegebenen Länder!

Deutschland

Niederlande

Italien

Japan

Station 1

Deutsche Flagge und deutsches Wappen

Name:

Aufgabe 1

Male die deutsche Nationalflagge und den Bundesadler in den entsprechenden Farben aus!

Aufgabe 2

Welche Eigenschaften hat ein Adler? Befrage einen Mitschüler!

Station 2

Die Landschaft

Name: ____________________

Aufgabe 1

Ergänze die Namen der aufgeführten Landschaften!

A ___ PEN ___ OR ___ AND

MI ___ ___ E L ___ EB ___ R ___ E

H ___ C H ___ E ___ I R ___ E

N ___ RD ___ EU ___ S C H E T ___ E F E B ___ N E

Aufgabe 2

Wie heiβen die vier Groβlandschaften Deutschlands?

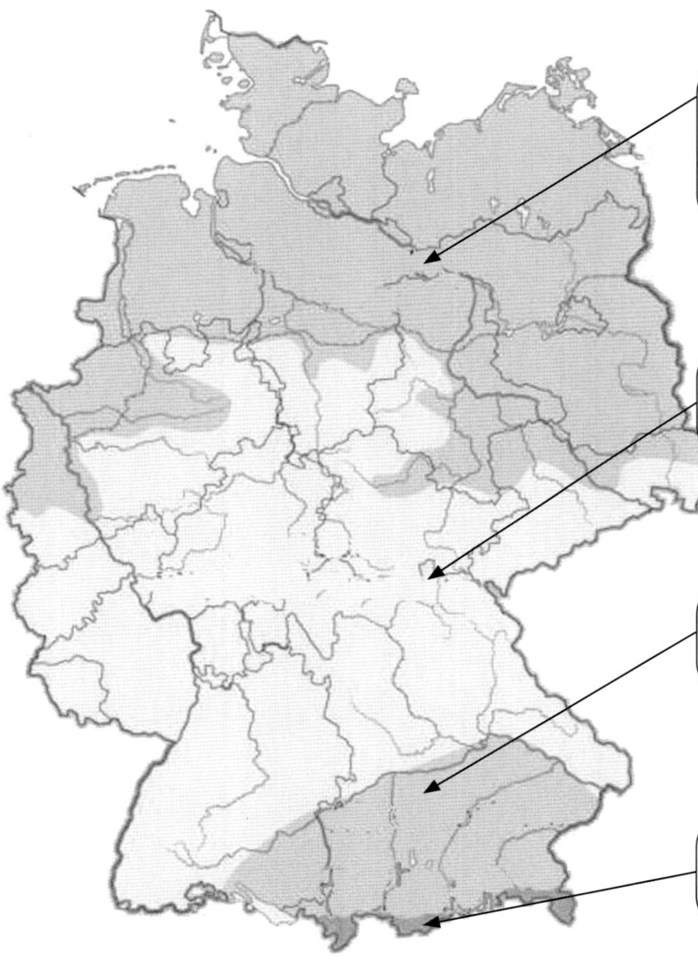

____

____

____

____

____

Hafenstädte an Nord- und Ostsee

Name: ______________________

Aufgabe 1

In die folgende Liste deutscher Hafenstädte sind sieben Buchstaben zuviel hineingeraten.
Streiche sie durch!
Richtig angeordnet ergeben diese Buchstaben den Namen einer Hafenstadt an der Nordsee.

L U E B B E C K
W I L H E L M M S H A V E N
C U U X H A V E N
B R E M E R H H A V E N
R O S T O G C K
P U T T G A R R D E N
E M D E A N
K I E L

Die überflüssigen Buchstaben sind:

Die gesuchte Hafenstadt heißt:

Aufgabe 2

Kennzeichne die Hafenstädte auf der Karte mit einem Punkt!
Verbinde den Stadtnamen mit dem Punkt!
Schlage zur Unterstützung im Atlas nach!

Cuxhaven
Kiel
Lübeck
Rostock
Bremerhaven
Emden
Wilhelmshaven

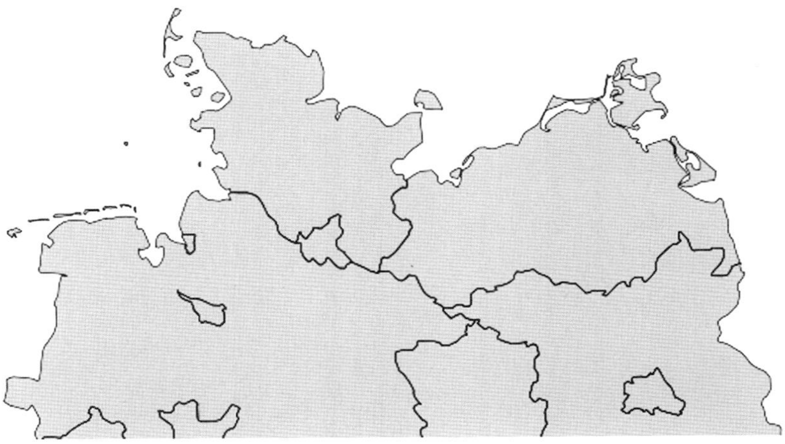

Name:

Beliebte Ausflugsziele

Aufgabe

Wie heißen die einzelnen Sehenswürdigkeiten und
in welcher Stadt kann man sie besichtigen?
Ergänzt die jeweilige Sehenswürdigkeit bzw. die Stadt!

		Berlin
	Semperoper	
	Dom	
		Weimar
	Schloss Neuschwanstein	
		Berlin

Station 5

Angeln und Wassersport – Deutschlands größte Seen

Name: ______________________

Aufgabe 1

Findet im Atlas eine topografische Deutschlandkarte!
Sucht die fünf größten Seen heraus!
Tragt sie in die Tabelle ein!
Das Internet kann euch unterstützen.

1.	
2.	
3.	
4.	
5.	

Aufgabe 2

Um welchen See handelt es sich?
In welchem Bundesland liegt der See?

Rang	Fläche in km^2	See	Staat bzw. Bundesland
	61		
	80		
	56		
	117		
	536		

Aufgabe 3

Welcher See liegt deinem Heimatort am nächsten?

____

Station 6

Wichtige Transportstraßen – die deutschen Flüsse

Name:

Aufgabe

Tragt die Namen der Flüsse in die Felder ein!

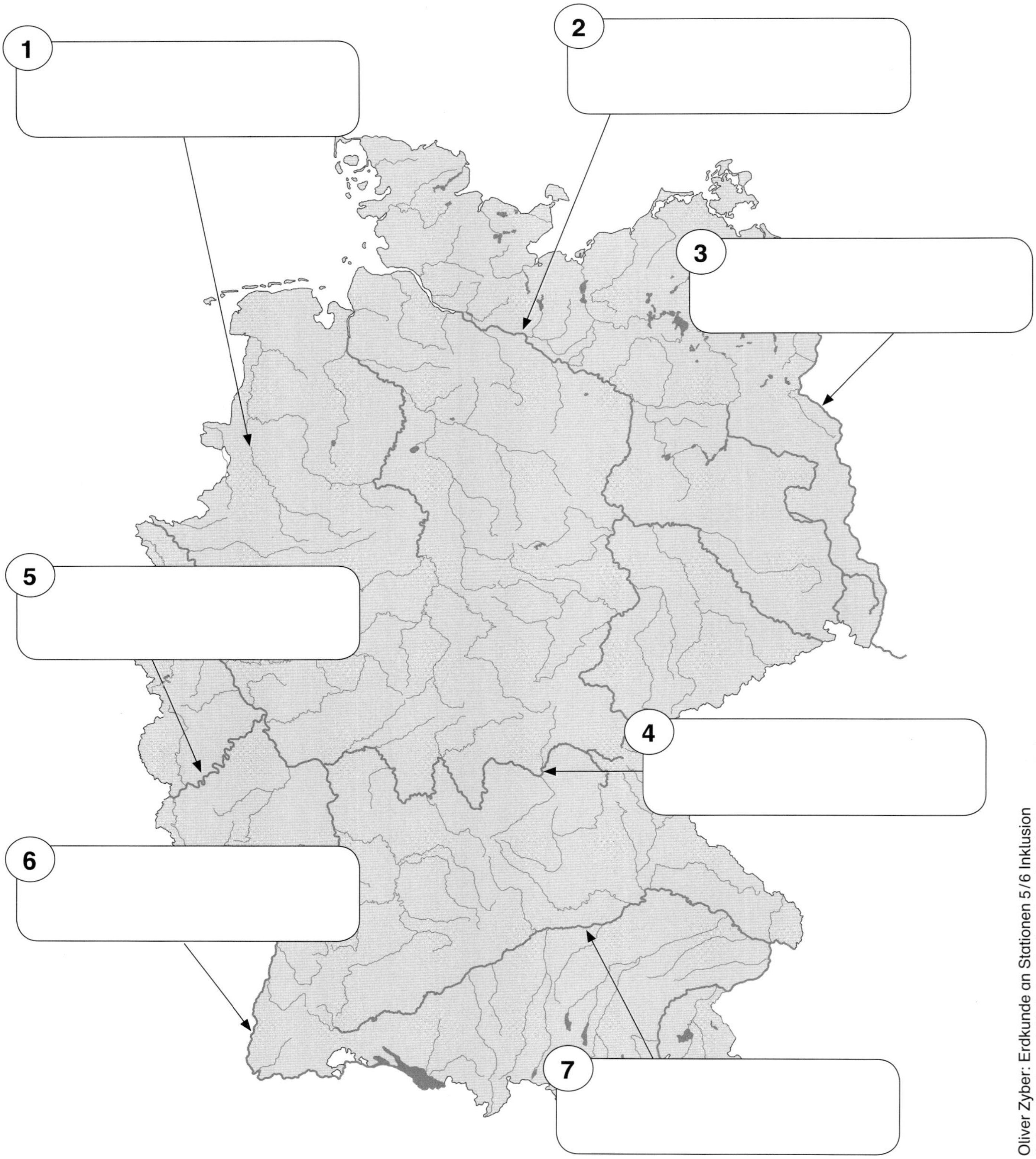

Station 7

Wander- und Winterspaß – Mittel- und Hochgebirge

Name: ______________________

Aufgabe 1

Ergänze die fehlenden Angaben in der Tabelle!

Mittelgebirge	Höchste Erhebung	Höhe	Bundesland
Bayerischer Wald		1456 m	
	Brocken		Niedersachsen, Sachsen-Anhalt, Thüringen
Rhön			Bayern, Hessen, Thüringen
	Feldberg	1493 m	
		879 m	Hessen

Aufgabe 2

Beantworte die folgenden Fragen!

a) Welches Mittelgebirge liegt nordwestlich von Frankfurt?

____

b) In welchem Gebirge entspringt die Donau?

____

c) Welches Land hat den größten Anteil an den Alpen?

____

d) Welches ist das nördlichste Mittelgebirge Deutschlands?

____

Aufgabe 3

Nenne die drei nächsten Mittelgebirge in der Nähe deines Wohnortes!

a) ______________________

b) ______________________

c) ______________________

Unterwegs in Deutschland

Station 8

Die deutschen Bundesländer

Name: ____________________

Aufgabe 1

Ergänze die Lücken mit den Wörtern aus dem Kasten!

Bremen	Schleswig-Holstein	Berlin	16	Bayern
Hamburg	Berlin	Stadtstaaten	Baden-Württemberg	

Die Bundesrepublik Deutschland besteht aus ____________________

Bundesländern und hat eine Gesamtfläche von 357 114 km².

Seit 1990 ist ____________________ die Bundeshauptstadt,

die im Nordosten Deutschlands liegt.

Das flächenmäßig größte Bundesland ist ____________________.

Die drei kleinsten Bundesländer ____________________, ____________________

und ____________________ sind ____________________,

da sie gleichzeitig Stadt und Bundesland sind.

Das nördlichste Bundesland heißt ____________________ .

Die beiden südlichsten Bundesländer heißen Bayern und

____________________ .

Aufgabe 2

In welchen Bundesländern liegen die folgenden Hauptstädte?

a) Kiel ____________________

b) Mainz ____________________

c) Stuttgart ____________________

d) München ____________________

e) Düsseldorf ____________________

Unterwegs in Deutschland

Nachbarländer Deutschlands

Name: ______________________

Aufgabe 1

Welche Länder grenzen an Deutschland?

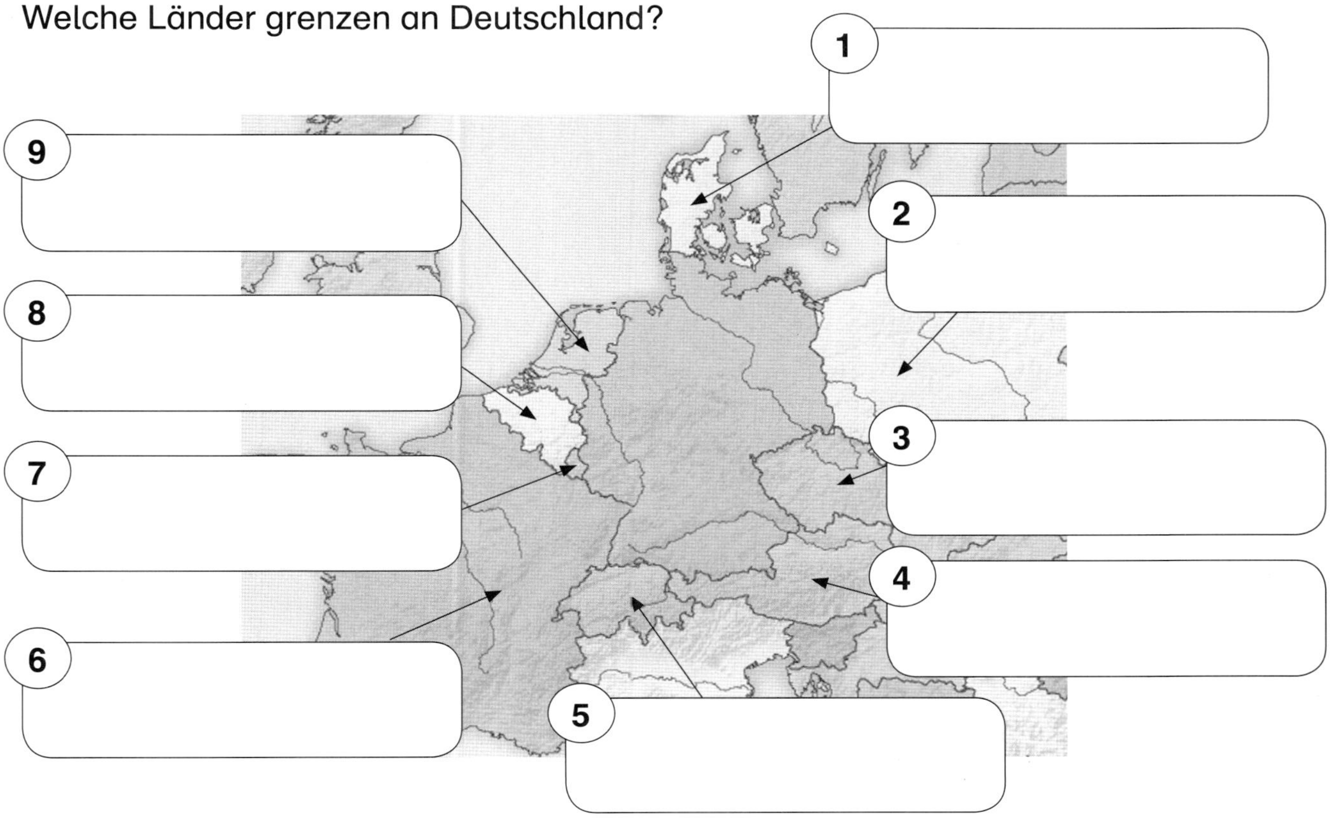

Aufgabe 2

Kennst du auch die Hauptstädte dieser Länder?
Schreibe sie auf!

1	**6**
2	**7**
3	**8**
4	**9**
5	

Aufgabe 3

An welche Bundesländer grenzt Polen?

____

Station 1

Der Kontinent Europa

Name: ______________________

Aufgabe 1

Schreibe die Ländernamen in die entsprechenden Kästchen!

Deutschland Frankreich Griechenland Großbritannien
Island Italien Österreich Polen Portugal
Russland Schweden Spanien Türkei

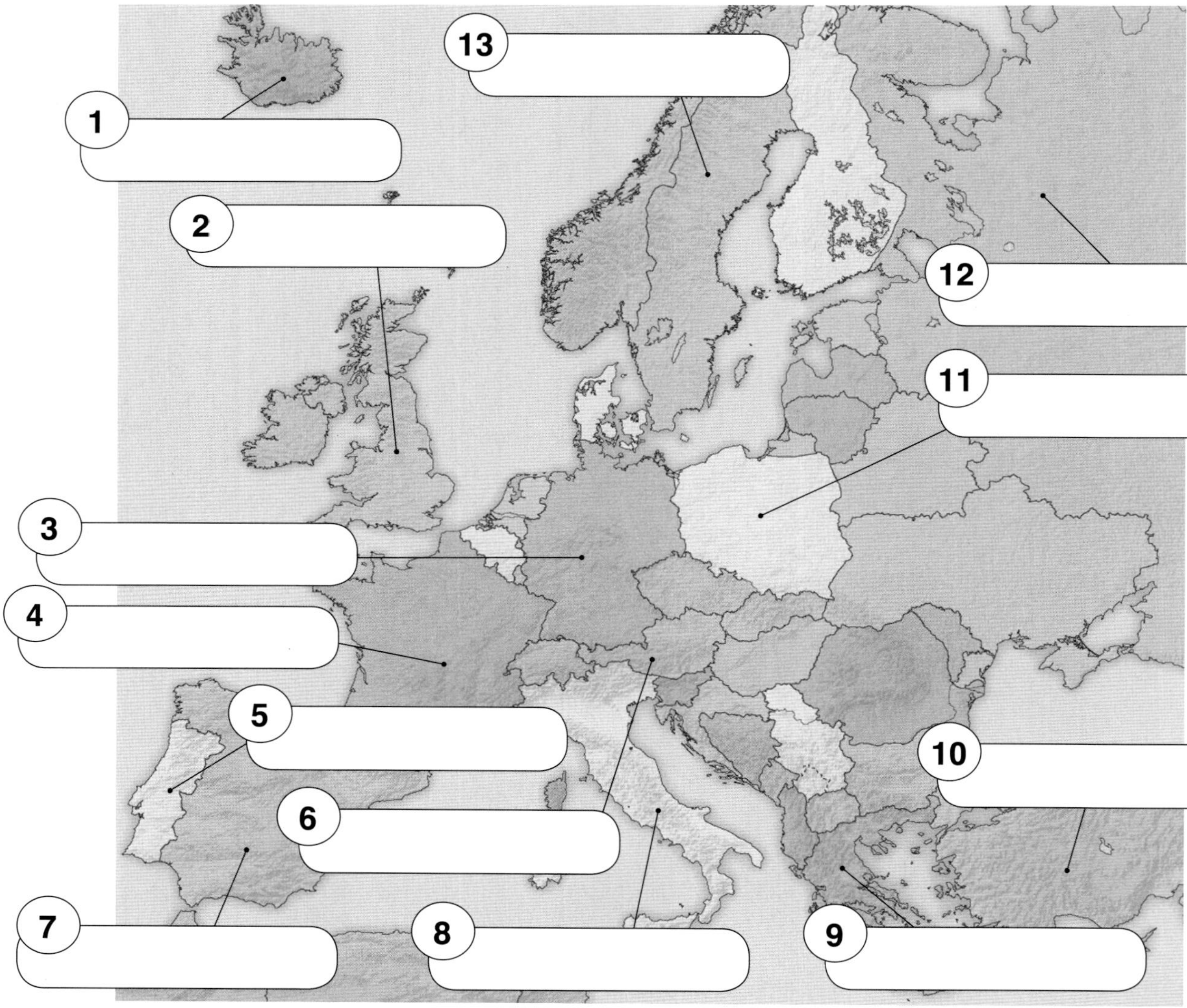

Aufgabe 2

Kennst du noch weitere Länder Europas?

____

Die Staaten Europas und ihre Hauptstädte

Name:

Aufgabe

Die folgenden Fußballmannschaften kommen aus europäischen Hauptstädten. Bestimmt das dazugehörige Land!

Fußballverein	Land
Sporting Lissabon	
Real Madrid	
Paris Saint Germain	
Young Boys Bern	
Steaua Bukarest	
AEK Athen	
Spartak Moskau	
AIK Stockholm	
Rapid Wien	
Legia Warschau	
Hertha BSC Berlin	

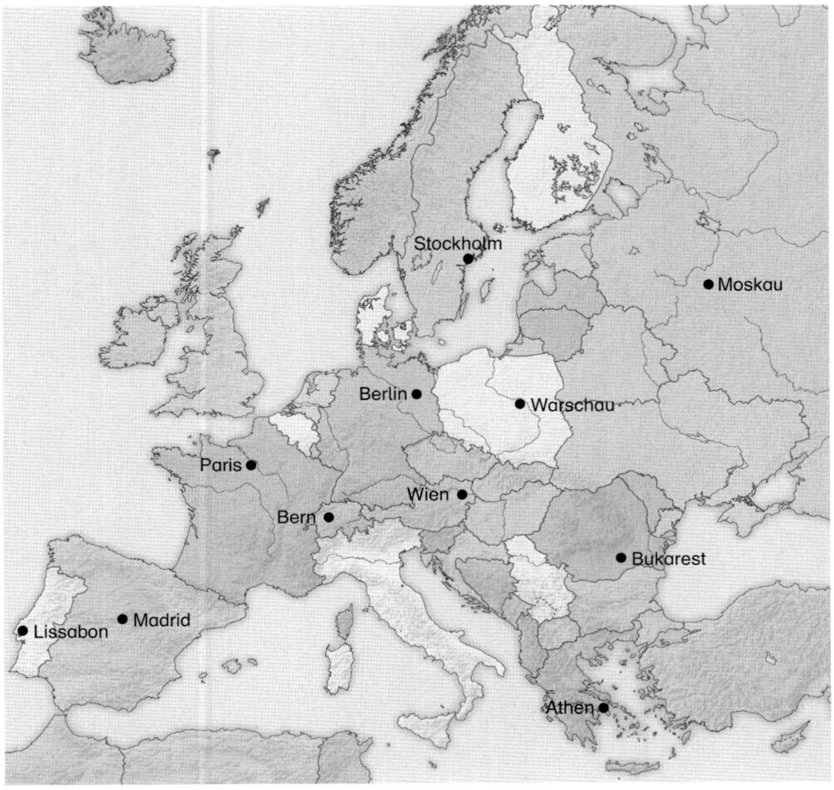

Station 3

Seine, Themse, ... – europäische Flüsse

Name: ____________________

Aufgabe

Ordne die folgenden Flüsse den entsprechenden Ländern zu!
Schneide die Kästchen mit den Flussnamen aus!
Klebe sie dann in die vorgegebenen Felder in der Karte auf!
Zeichne den Verlauf der Themse in die Karte ein!
Informiere dich, wenn möglich, im Internet!

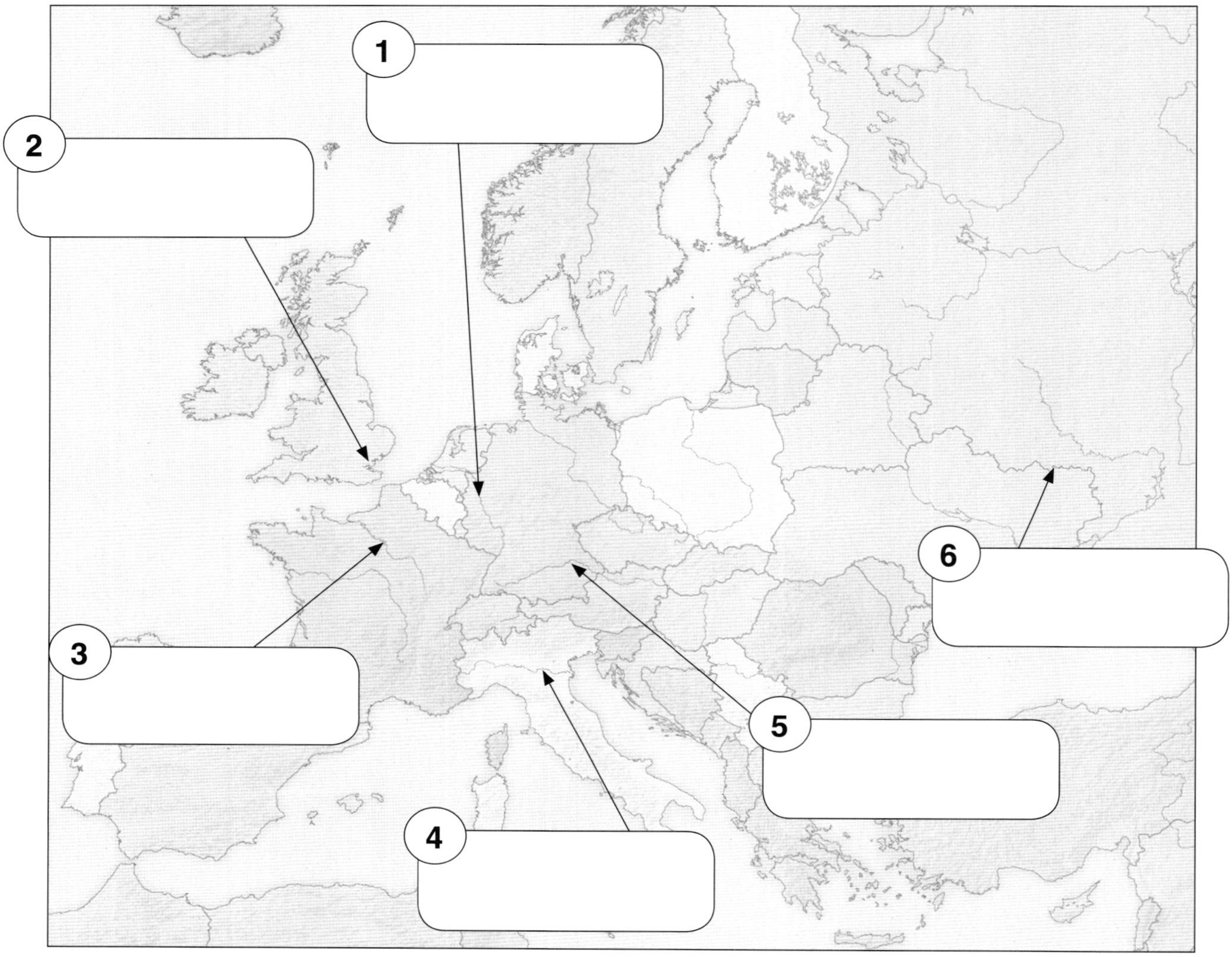

RHEIN	WOLGA	THEMSE
SEINE	PO	DONAU

Station 4

Meere und Meeresteile in Europa

Name: ______________________

Aufgabe

Löse das folgende Rätsel!

1													**W**		I			E	S	M	E		R		
2											S	K				R	R								
3													**S**	C		W			Z			M	E	E	
4										O		T			E										
5							T	H	Y		R			N			C	H			M	E		R	
6								M	A	R		A	**R**				E								
7	A	D	R	I		T		S	C			S		E	E										
8													**A**	T			N		I	K					
9											I	O			S	C	H				E	E	R		
10													**N**	O			S	E							

Nr.	Gesucht
1	Meeresteil südlich der Halbinsel Kola
2	Meeresteil zwischen Dänemark und Norwegen
3	Meer zwischen der Türkei, Bulgarien, Rumänien undRussland
4	Meer südlich von Schweden
5	Merresteil zwischen Italien und Sardinien
6	Meer südlich von Istanbul
7	Meeresteil zwischen Italien, Kroatien und Slowenien
8	Meer westlich von Spanien
9	Meeresteil zwischen Griechenland und Sizilien
10	Meer östlich von Großbritannien

Lösungswort: ______________________

Köstlichkeiten aus Europa

Name:

Aufgabe 1

Ergänze die Ländernamen zu den Flaggen!

1 

2 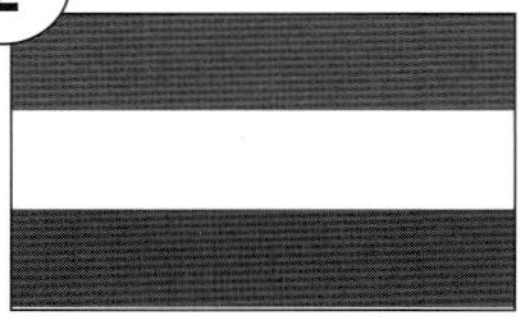

3 

4 

5 

6 

7 

8 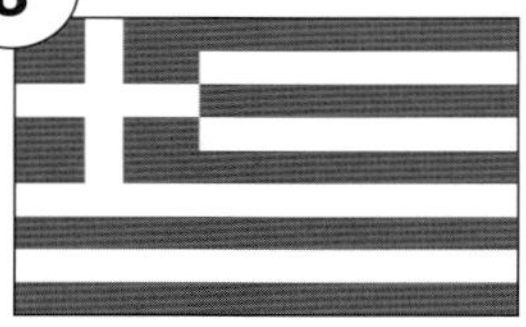

Aufgabe 2

Vervollständige die Tabelle!
Ergänze dazu mindestens ein typisches Lebensmittel je Land!

Herkunftsland	Lebensmittel
Spanien	Serrano-Schinken,
Norwegen	
Schweiz	
Niederlande	
Griechenland	
Türkei	
Belgien	
Frankreich	

Station 1

Name:

Klimazonen auf der Erde

Aufgabe

Klimazonen sind großräumige Gebiete der Erde, in denen das Klima gleichartig oder relativ einheitlich ist.
Male die verschiedenen Klimazonen in den angegebenen Farben an!

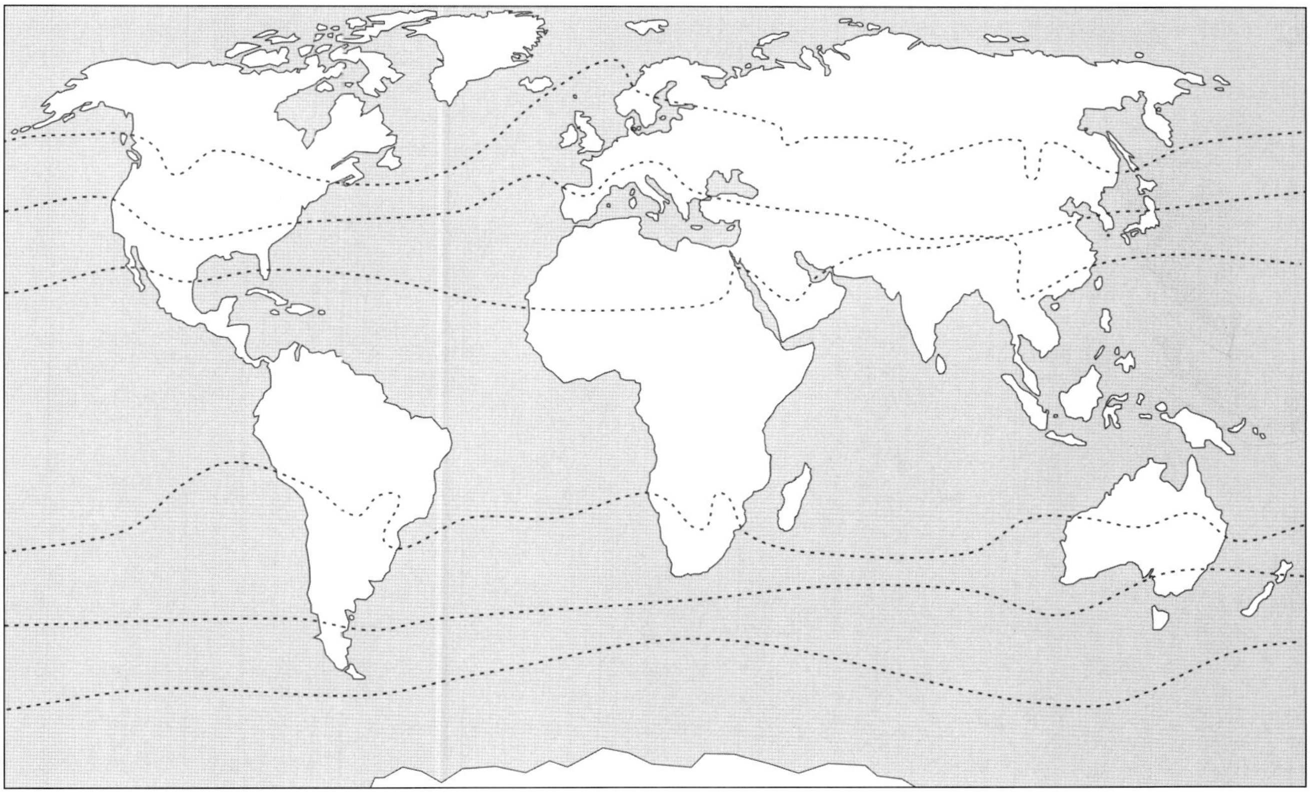

Klimazone	Farbe
Polarzone	dunkelblau
Kalte Zone (Subpolarzone)	hellblau
Gemäßigte Zone	grün
Warme Zone mit Jahreszeiten (Subtropen)	gelb
Ganzjährig warme Zone (Tropen)	rot

Station 2

Naturraum Wüste

Name: ____________

Aufgabe 1

Im Folgenden sind die Klimadiagramme von Riad (Saudi-Arabien) und Bad Nauheim (Hessen) abgebildet.
Lest die Werte für Temperatur und Niederschlag möglichst genau ab!
Übertragt sie in die Tabelle!

Riad

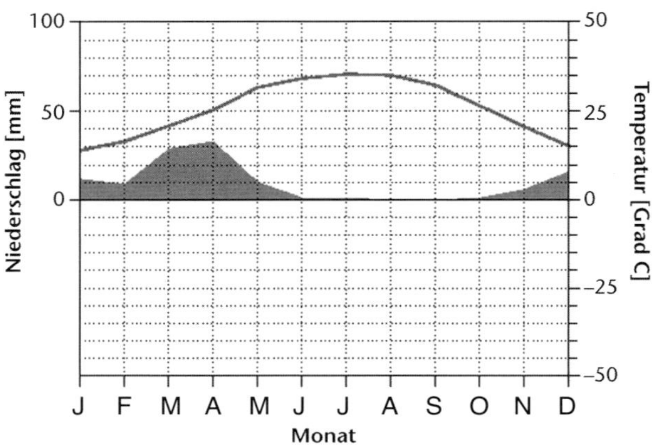

Bad Nauheim

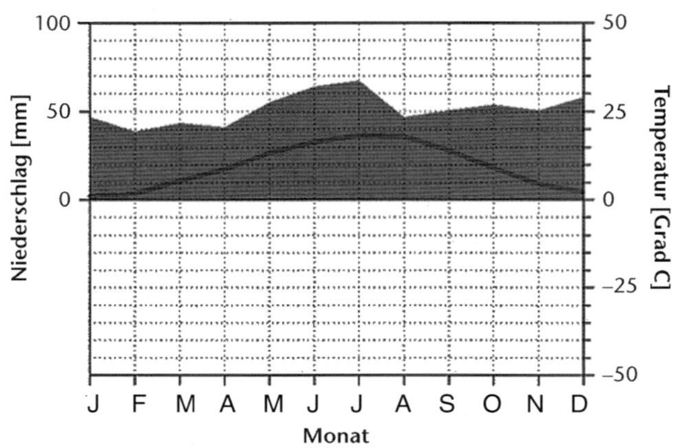

Riad

Monat	J	F	M	A	M	J	J	A	S	O	N	D
Temp. (°C)	14			25							20	
Niederschl. (mm)	11			31	10							

Bad Nauheim

Monat	J	F	M	A	M	J	J	A	S	O	N	D
Temp. (°C)			5				18					
Niederschl. (mm)			44									

Aufgabe 2

Beschreibt und vergleicht die beiden Diagramme!
Verwendet „am wenigsten", „am meisten", „am höchsten"!

Station 3

Die Polarländer – Arktis und Antarktis

Name: ______________________

Aufgabe

Recherchiert im Internet!

a) Nennt verschiedene Teilregionen der Arktis!
Tipp: Sie enthalten oft Namensteile aus anderen Teilen der Erde.

Neuschwabenland, ____

____

b) Findet die Jahresdurchschnittstemperatur und den Jahresgesamtniederschlag für die Antarktis heraus!

Temperatur: __________ °C/Jahr

Niederschlag: __________ l/m²

c) Wie hat sich das Leben der Inuit verändert?
Bezieht euch besonders auf ihre Berufe und Behausungen!

	früher	heute
Berufe		
Behausungen		

Station 4

Name: ____________________

Tropische Regenwälder

Aufgabe

Regenwald gibt es nicht nur in Südamerika, sondern auch in Afrika und Asien.
Dieser besteht aus unterschiedlichen Zonen.
Man kann sie mit den Stockwerken eines Hauses vergleichen.
Schneide die unteren Stichwörter aus und
klebe sie an die jeweils passende Stelle der Regenwaldabbildung!

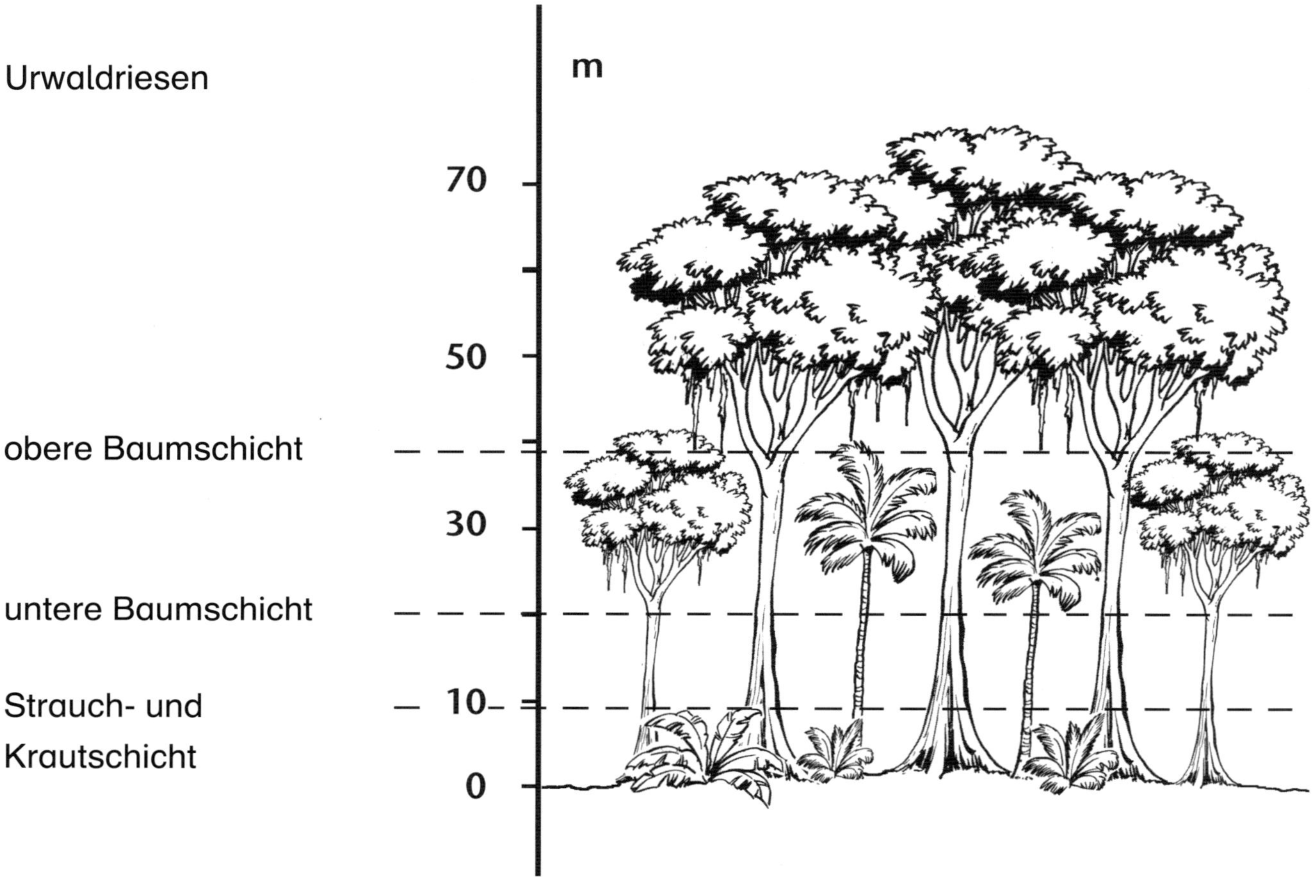

| Strauchschicht | Junger Baum | Baumkronen |
| Liane | Waldboden | Brettwurzel |

Station 5

Name: ____________

Der Tsunami – eine schwer kontrollierbare Naturkatastrophe

Aufgabe 1

Die folgenden Satzanfänge und Satzenden passen nicht zusammen.

1	„Tsu-nami" ist japanisch	durch Seebeben ausgelöst.	
2	Zumeist werden Tsunamis	kaum sichtbar.	
3	Die freigesetzte Energie	türmen sich die Wellen so hoch wie ein Haus auf.	
4	Die Welle ist auf offenem Meer	und bedeutet „Hafenwelle".	
5	In vielen Ländern soll ein installiertes Frühwarnsystem	breitet sich wellenförmig im Wasser aus.	
6	Nahe der Küste	die Bevölkerung künftig besser schützen und sie rechtzeitig vor den Flutwellen warnen.	

Aufgabe 2

Zeichne ein, wie ein Tsunami auf die Küste trifft!

Station 3: Die Himmelsrichtungen

Seite 9

Aufgabe 1:

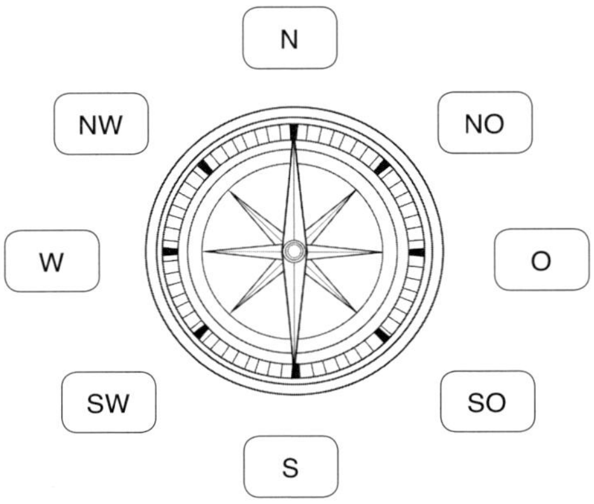

Aufgabe 2:

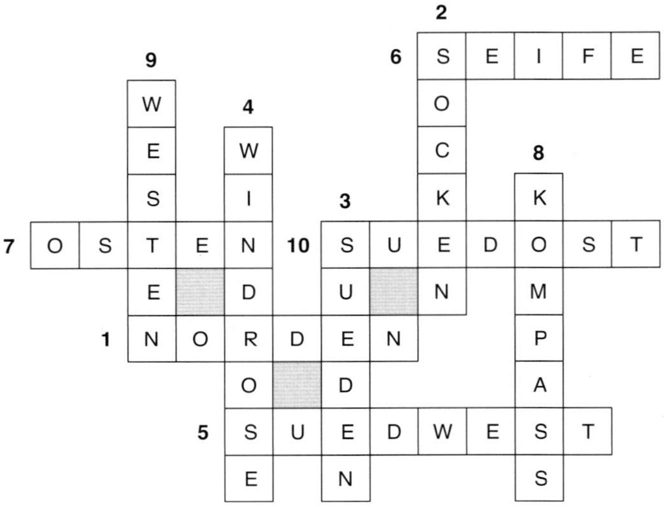

Station 4: Planquadrate

Seite 10

Aufgabe 1:

B1	**C4**	**D3**	**A6**	**F3**	**E1**

Aufgabe 2:

	A	**B**	**C**	**D**	**E**	**F**
1			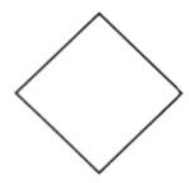			
2						
3	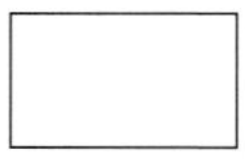					
4						
5		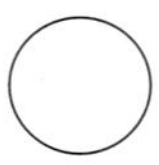				
6						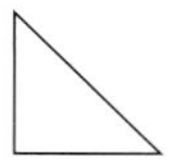

Station 5: Kartenmaßstäbe 1: Maß der Verkleinerung — Seite 11

Aufgabe 1:

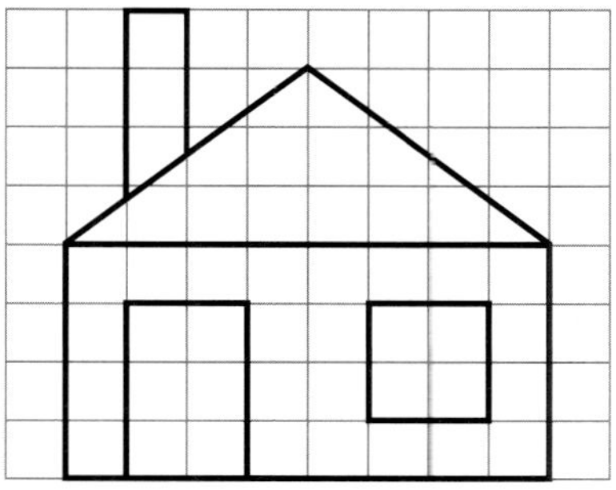

Station 6: Kartenmaßstäbe 2: Streckenberechnungen — Seite 12

Aufgabe 1:

b) Die Karte hat z. B. einen Maßstab von 1:200 000.

1 cm auf der Karte sind dann **200 000** cm in der Wirklichkeit.

Wenn du cm in km umrechnen willst, musst du durch 100 000 teilen.

Station 7: Höhenlinien und Höhenschichten — Seite 13

Aufgabe 1:

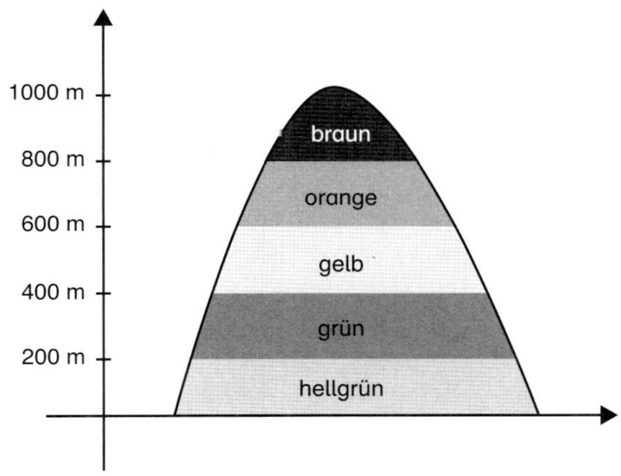

Aufgabe 2:

a) Höhenlinien

b) Sie sind **flach**.

c)

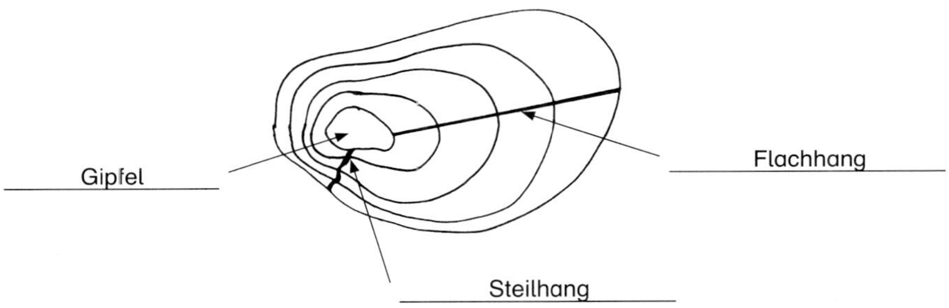

Station 1: Unser Sonnensystem

Seite 14

Aufgabe 1: **Me**rkur, **V**enus, **E**rde, **M**ars, **J**upiter, **S**aturn, **U**ranus, **N**eptun

Aufgabe 2: 1 Jahr

Aufgabe 3: Nächster: Merkur Entferntester: Neptun

Aufgabe 4: 1 Mond

Station 2: Der Planet Erde

Seite 15

dritte – 4,6 – 12 756 – Globus – Nordpol – Äquator – 40 000 – Nordhalbkugel – Südhalbkugel – blauer – Südamerika – Afrika – Australien – Kugel – Tag

Station 3: Aufbau der Erde

Seite 16

Aufgabe 1:
1. innerer Kern 2. äußerer Kern 3. innerer Mantel 4. äußerer Mantel 5. Kruste

Aufgabe 2:
Die Erde gliedert sich wie eine Zwiebel. – Wir Menschen leben auf der äußeren festen Erdkruste. – Der Erdkern ist überwiegend fest und besteht aus Metallen. – Der Erdmantel besteht aus glutflüssigem Gestein (Magma).

Station 4: Das Gradnetz der Erde

Seite 17

a) zur Orientierung und genauen Standortbestimmung auf der Erde
b) alle Linien von Pol zu Pol
c) Nullmeridian ist ein Halbkreis senkrecht zum Äquator, der durch Nord- und Südpol verläuft
d) Berlin
e) Südpol

Station 5: Kontinente

Seite 18

(1) Nordamerika (2) Europa (3) Afrika (4) Südamerika (5) Australien (6) Asien

Station 6: Länder und ihre Hauptstädte

Seite 19

Aufgabe 1:

	Länder	Hauptstädte
1	Argentinien	Buenos Aires
2	Australien	Canberra
3	Brasilien	Brasilia
4	Frankreich	Paris
5	Indien	Neu-Dehli
6	Japan	Tokio
7	Kenia	Nairobi
8	USA	Washington
9	Italien	Rom
10	Ägypten	Kairo

Aufgabe 2:

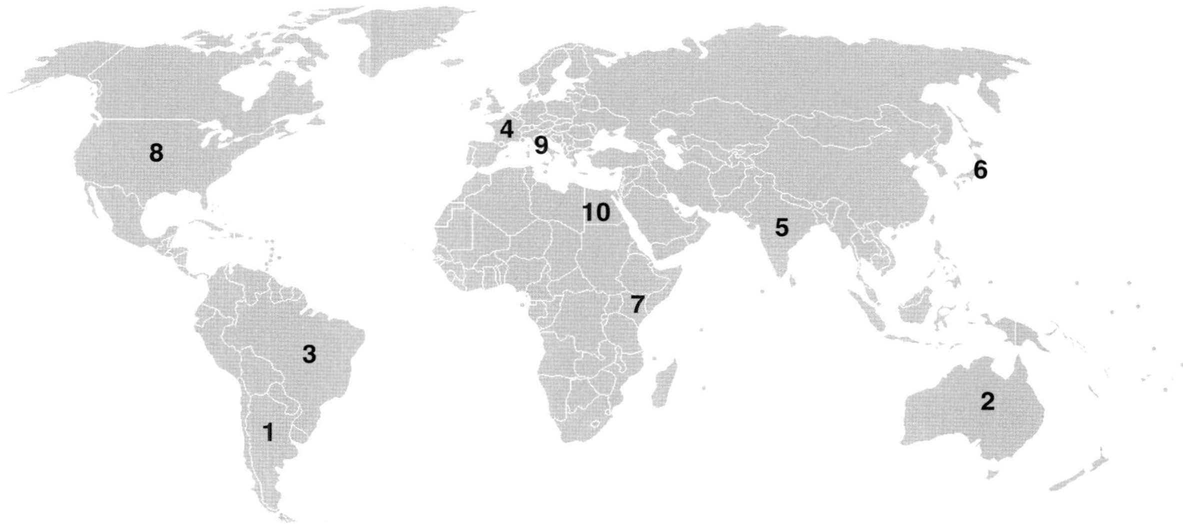

Station 7: Kleine Flaggenkunde

Seite 20

Aufgabe 1:

a) Finnland
b) Libanon
c) Australien
d) Griechenland
e) Ghana
f) Ecuador

Lösungswort: FLAGGE

Aufgabe 2:

Deutschland

Niederlande

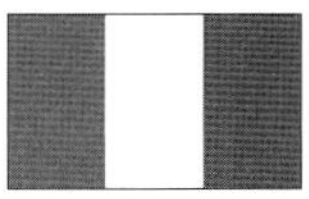
Italien

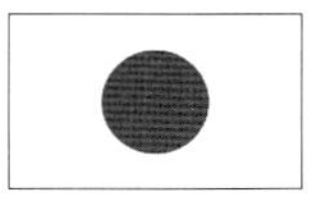
Japan

Station 1: Deutsche Flagge und deutsches Wappen

Seite 21

Aufgabe 1:
„Die Bundesflagge ist schwarz-rot-gold." (siehe Art. 22 GG)
Das Bundeswappen zeigt die Farben der Bundesflagge (schwarz-rot-gold).
Es zeigt auf goldgelbem Grund einen einköpfigen, schwarzen Adler.
Der Kopf ist nach rechts gewendet.
Die Fänge, der Schnabel und die Zunge sind rot gefärbt.

Aufgabe 2:
Der Adler symbolisiert Unsterblichkeit, Mut, Weitblick und Kraft.

Station 2: Die Landschaft

Seite 22

Aufgabe 1:
Alpenvorland, Mittelgebirge, Hochgebirge, Norddeutsche Tiefebene

Aufgabe 2:
(von oben nach unten) Norddeutsche Tiefebene, Mittelgebirge, Alpenvorland, Hochgebirge

Station 3: Hafenstädte an Nord- und Ostsee

Seite 23

Aufgabe 1:
Die überflüssigen Buchstaben sind: B G M R U A H. Das Lösungswort ist: HAMBURG

Aufgabe 2:

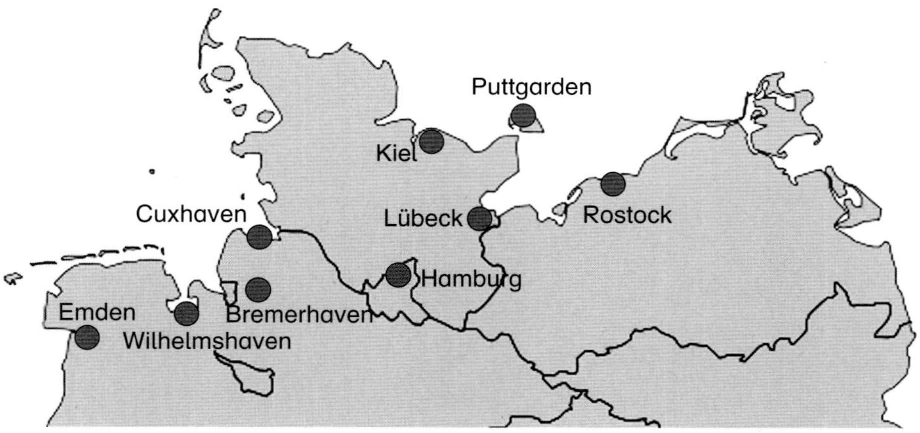

Station 4: Beliebte Ausflugsziele

Seite 24

Reichstag – Berlin, Semperoper – Dresden, Dom – Köln, Schloss Belvedere – Weimar, Schloss Neuschwanstein – Füssen, Brandenburger Tor – Berlin

Station 5: Angeln und Wassersport – Deutschlands größte Seen

Seite 25

Aufgabe 1:
1. Bodensee 2. Müritz 3. Chiemsee 4. Schweriner See 5. Starnberger See

Aufgabe 2:

Rang	Fläche in km²	See	Staat bzw. Bundesland
4	61	Schweriner See	Mecklenburg-Vorpommern
3	80	Chiemsee	Bayern
5	56	Starnberger See	Bayern
2	117	Müritz	Mecklenburg-Vorpommern
1	536	Bodensee	Baden-Württemberg, Bayern, Schweiz, Österreich

Station 6: Wichtige Transportstraßen – die deutschen Flüsse

Seite 26

(1) Ems (2) Elbe (3) Oder (4) Main (5) Mosel (6) Rhein (7) Donau

Station 7: Wander- und Winterspaß – Mittel- und Hochgebirge

Seite 27

Aufgabe 1:

Mittelgebirge	Höchste Erhebung	Höhe	Bundesland
Bayerischer Wald	Großer Arber	1456 m	Bayern
Harz	Brocken	1141 m	Niedersachsen, Sachsen-Anhalt, Thüringen
Rhön	Wasserkuppe	950 m	Bayern, Hessen, Thüringen
Schwarzwald	Feldberg	1493 m	Baden-Württemberg
Taunus	Großer Feldberg	879 m	Hessen

Aufgabe 2:
a) Taunus b) Schwarzwald c) Österreich d) Harz

Station 8: Die deutschen Bundesländer

Seite 28

Aufgabe 1:
16 – Berlin – Bayern – Bremen – Hamburg – Berlin – Stadtstaaten – Schleswig-Holstein – Baden-Württemberg

Aufgabe: 2
a) Schleswig-Holstein b) Rheinland-Pfalz c) Baden-Württemberg d) Bayern
e) Nordrhein-Westfalen

Station 9: Nachbarländer Deutschlands

Seite 29

Aufgabe 1:

(1) Dänemark (2) Polen (3) Tschechien (4) Österreich (5) Schweiz
(6) Frankreich (7) Luxemburg (8) Belgien (9) Niederlande

Aufgabe 2:

1	Kopenhagen	6	Paris
2	Warschau	7	Luxemburg
3	Prag	8	Brüssel
4	Wien	9	Amsterdam
5	Bern		

Aufgabe 3:
Mecklenburg-Vorpommern, Brandenburg, Sachsen

Station 1: Der Kontinent Europa

Seite 30

Aufgabe 1:

(1) Island (2) Großbritannien (3) Deutschland (4) Frankreich (5) Portugal
(6) Österreich (7) Spanien (8) Italien (9) Griechenland (10) Türkei (11) Polen
(12) Russland (13) Schweden

Aufgabe 2:
Belgien, Bosnien & Herzegowina, Bulgarien, Dänemark, Estland, Finnland, Irland, Kroatien, Lettland, Litauen, Luxemburg, Niederlande, Norwegen, Rumänien, Schweiz, Serbien, Slowenien, Tschechien, Ukraine, Ungarn …

Station 2: Die Staaten Europas und ihre Hauptstädte

Seite 31

Fußballverein	Land
Sporting Lissabon	Portugal
Real Madrid	Spanien
Paris Saint Germain	Frankreich
Young Boys Bern	Schweiz
Steaua Bukarest	Rumänien
AEK Athen	Griechenland

Fußballverein	Land
Spartak Moskau	Russland
AIK Stockholm	Schweden
Rapid Wien	Österreich
Legia Warschau	Polen
Hertha BSC Berlin	Deutschland

Station 3: Seine, Themse, … – europäische Flüsse

Seite 32

(1) Rhein (2) Themse (3) Seine (4) Po (5) Donau (6) Wolga

Station 4: Meere und Meeresteile in Europa

Seite 33

1	**W** E I S S E S M E E R
2	S K **A** G E R R A K
3	**S** C H W A R Z E S M E E R
4	O S T **S** E E
5	T H Y R R H **E** N I S C H E S M E E R
6	M A R M A **R** A M E E R
7	A D R I A T I S C H E S **M** E E R
8	**A** T L A N T I K
9	I O **N** I S C H E S M E E R
10	**N** O R D S E E

Station 5: Köstlichkeiten aus Europa

Seite 34

Aufgabe 1:

(1) Türkei (2) Niederlande (3) Schweiz (4) Belgien
(5) Norwegen (6) Spanien (7) Frankreich (8) Griechenland

Aufgabe 2:

Herkunftsland	Lebensmittel
Spanien	Serrano-Schinken, Wein, Sherry, Olivenöle
Norwegen	Lachs, Garnelen, Rentier, Ziegenkäse
Schweiz	Emmentaler, Fondue, Raclette, Schokolade
Niederlande	Pommes frites, Gouda (Käse), Matjes, Bier
Griechenland	Gyros, Zaziki, Feta, Oliven, Wein
Türkei	Türkischer Honig, Raki, Ayran (Joghurtgetränk)
Belgien	Limburger (Käse), Pralinen, Waffeln, Bier
Frankreich	Nougat, Camembert, Fischeintopf, Wein

Station 2: Naturraum Wüste

Seite 36

Aufgabe 1:
Riad

Monat	J	F	M	A	M	J	J	A	S	O	N	D
Temp. (°C)	14	17	21	25	32	34	36	34	32	26	20	15
Niederschl. (mm)	11	10	29	31	10	1	1	0	0	1	6	18

Bad Nauheim

Monat	J	F	M	A	M	J	J	A	S	O	N	D
Temp. (°C)	1	2	5	8	13	16	18	18	14	9	5	2
Niederschl. (mm)	47	39	44	40	55	63	67	38	50	52	50	58

Station 3: Die Polarländer – Arktis und Antarktis

Seite 37

a) Neuschwabenland, Davissee, Grahamland, Lambert-Gletscher, Palmerland, Ross-Insel, Rossmeer, Südgeorgien, Victorialand, Wilkesland
b) Die inländische Jahresdurchschnittstemperatur liegt bei –55°C; der Jahresgesamtniederschlag beträgt durchschnittlich 40 l/m².
c)

	früher	heute
Berufe	• Jäger (Jagd nach Robben, Karibus, Eisbären und Walen)	• alle Berufe
Behausungen	• Iglus • Häuser aus Stein oder Treibholz • Zelte aus Walknochen, die mit Tierhäuten bespannt wurden • Erdhöhlen	• Holzhäuser • Zelte oder Iglus für die Jagd

Station 4: Tropische Regenwälder

Seite 38

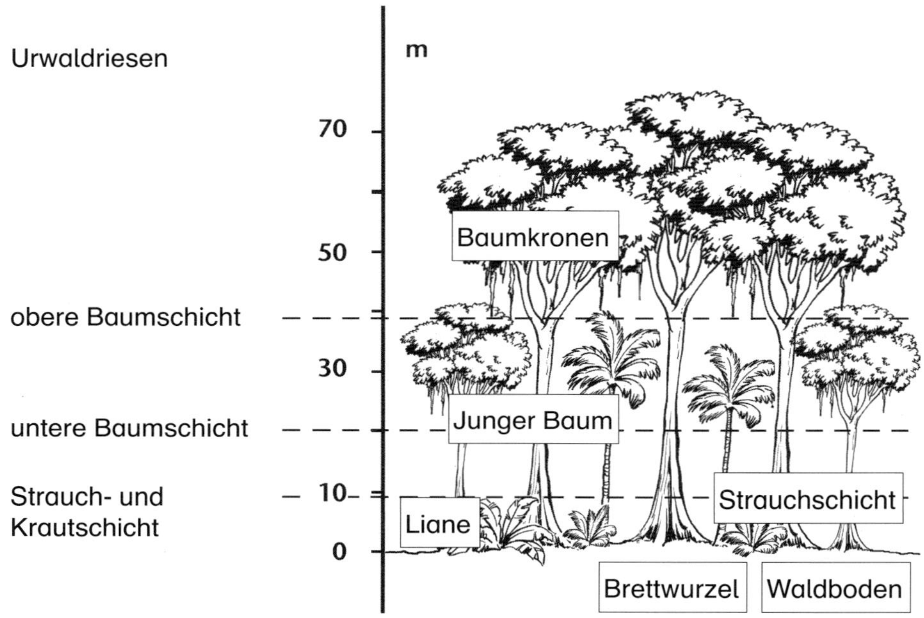

Station 5: Der Tsunami – eine schwer kontrollierbare Naturkatastrophe

Seite 39

1 „Tsu-nami“ ist japanisch und bedeutet „Hafenwelle“.
2 Zumeist werden Tsunamis durch Seebeben ausgelöst.
3 Die freigesetzte Energie breitet sich wellenförmig im Wasser aus.
4 Die Welle ist auf offenem Meer kaum sichtbar.
5 In vielen Ländern soll ein installiertes Frühwarnsystem die Bevölkerung künftig besser schützen und sie rechtzeitig vor den Flutwellen warnen.
6 Nahe der Küste türmen sich die Wellen so hoch wie ein Haus.